全国中等职业学校机械类/工程技术类专业通用

全国技工院校机械类/工程技术类专业通用（中级技能层级）

极限配合与技术测量基础（少学时）（第二版）习题册

王东锋　主编

中国劳动社会保障出版社

简　介

本习题册是全国中等职业学校机械类/工程技术类专业通用教材、全国技工院校机械类/工程技术类专业通用教材（中级技能层级）《极限配合与技术测量基础（少学时）（第二版）》的配套用书。本习题册紧扣教学要求，按照教材章节顺序编排，注重对基础知识的练习和基本能力的培养。本习题册题型丰富多样，难易配置适当，适合不同程度的学生练习。

本习题册由王东锋主编，刘强任副主编，宋文革、刘尚武、延育东、宁睿、李倩、何成功、陈洁宇参加编写。

图书在版编目(CIP)数据

极限配合与技术测量基础（少学时）（第二版）习题册/王东锋主编. -- 北京：中国劳动社会保障出版社，2019

全国中等职业学校机械类/工程技术类专业通用　全国技工院校机械类/工程技术类专业通用. 中级技能层级

ISBN 978－7－5167－4147－4

Ⅰ. ①极…　Ⅱ. ①王…　Ⅲ. ①公差-配合-中等专业学校-习题集②技术测量-中等专业学校-习题集　Ⅳ. ①TG801－44

中国版本图书馆 CIP 数据核字(2019)第 164732 号

中国劳动社会保障出版社出版发行

（北京市惠新东街 1 号　邮政编码：100029）

*

三河市潮河印业有限公司印刷装订 新华书店经销

787 毫米×1092 毫米　16 开本　4 印张　93 千字

2019 年 8 月第 1 版　　2023 年 12 月第 6 次印刷

定价：7.50 元

营销中心电话：400-606-6496

出版社网址：http://www.class.com.cn

http://jg.class.com.cn

目　录

绪　论

一、填空题（将正确答案填在横线上）

1. 互换性是指一种产品、过程或服务________另一种产品、过程或服务，并能满足________的能力。

2. 互换性原则广泛用于机械制造中的________、________、________、机器的________等各个方面。

3. 零件的几何量误差主要包含________、________和________等。

4. 几何量公差就是零件几何参数________的________，它包括________和________等。

二、判断题（判断正误，并在括号内填“√”或“×”）

1. 零件在加工过程中的误差是不可避免的。（　　）

2. 测量的目的只是判定加工后的零件是否合格。（　　）

三、选择题（在下列选项中选择一个正确答案，将其序号填在括号内）

1. 关于互换性，下列说法中错误的是（　　）。
   A. 互换性要求零件具有一定的加工精度
   B. 现代化生产必须遵循互换性原则
   C. 在使用和维修方面，互换性没有明显优势

2. 关于零件的互换性，下列说法中错误的是（　　）。
   A. 凡是合格的零件一定具有互换性
   B. 凡是具有互换性的零件必为合格品
   C. 为使零件具有互换性，必须把零件的加工误差控制在给定的公差范围内

3. 具有互换性的零件应是（　　）。
   A. 相同规格的零件
   B. 不同规格的零件
   C. 形状、尺寸完全相同的零件

4. 某种零件在装配时需要进行修配，则此零件（　　）。
   A. 具有互换性
   B. 不具有互换性
   C. 无法确定其是否具有互换性

5. 关于几何参数的公差，下列说法中正确的是（　　）。

A. 几何参数的公差就是零件几何参数的变动量

B. 只有将零件的误差控制在相应的公差范围内，才能保证互换性的实现

C. 制定和贯彻公差标准是保证互换性生产的重要手段

四、简答题

1. 互换性原则对机械制造行业有什么意义?

2. 具有互换性的零件的几何参数是否必须加工得完全一样？为什么?

第1章　极限与配合基础

§1—1　基本术语及其定义

一、填空题（将正确答案填在横线上）

1. 尺寸由__________和__________两部分组成，如30 mm、60 μm等。

2. 零件上实际存在的，通过_______获得的尺寸称为______________。

3. 允许尺寸变化的两个界限值分别是____________和____________，它们是以__________为基数来确定的。

4. 零件的尺寸合格时，其实际尺寸应在____________和____________之间。

5. 当上极限尺寸等于公称尺寸时，其________偏差等于零；当零件的实际尺寸等于其公称尺寸时，其_______偏差等于零。

6. 零件的______________减其公称尺寸所得的代数差为实际偏差，当实际偏差在____________和____________之间时，表示尺寸合格。

7. 在公差带图中，表示公称尺寸的一条直线称为_______，在此直线以上的偏差为________，在此直线以下的偏差为_________。

8. 尺寸公差带的两个要素分别是____________和____________。

9. __________相同的、相互结合的孔和轴_________之间的关系称为配合。

10. 孔的尺寸减去相配合的轴的尺寸之差为____时是间隙，为____时是过盈。

11. 根据形成间隙或过盈的情况，配合可分为______________、______________和______________三类。

12. 最大间隙和最小间隙统称为_______间隙，它们表示间隙配合中允许间隙变动的两个_________。最大间隙是间隙配合处于最____状态时的间隙，最小间隙是间隙配合处于最____状态时的间隙。

13. 最大过盈和最小过盈统称为_______过盈，它们表示过盈配合中允许过盈变动的两个_________。最大过盈是过盈配合处于最____状态时的过盈，最小过盈是过盈配合处于最____状态时的过盈。

14. 代表过渡配合松紧程度的特征值是___________和___________。

15. 当 $EI - es \geqslant 0$ 时，此配合必为_______配合；当 $ES - ei \leqslant 0$ 时，此配合必为_______配合。

16. 孔、轴配合时，若 $ES = ei$，则此配合是_______配合；若 $ES = es$，则此配合是_______配合；若 $EI = es$，则此配合是_______配合；若 $EI = ei$，则此配合是_______配合。

17．配合公差越大，则配合后的__________程度越大，配合的精度越____。

二、判断题（判断正误，并在括号内填“√”或“×”）

1．内表面皆为孔，外表面皆为轴。（　）

2．孔、轴是指圆柱的内、外表面及由两平行平面或切面形成的包容面、被包容面。（　）

3．某一零件的实际尺寸正好等于其公称尺寸，则该零件必然合格。（　）

4．公称尺寸必须小于或等于上极限尺寸，而大于或等于下极限尺寸。（　）

5．尺寸偏差是某一尺寸减其公称尺寸所得的代数差，因而尺寸偏差可为正值、负值或零值。（　）

6．由于上极限尺寸一定大于下极限尺寸，且偏差可正可负，因而一般情况下，上极限尺寸为正值，下极限尺寸为负值。（　）

7．只要孔和轴装配在一起，就必然形成配合。（　）

8．间隙配合中，孔公差带在轴公差带之上，因此，孔公差带一定在零线以上，轴公差带一定在零线以下。（　）

9．过渡配合中可能出现零间隙或零过盈，但它不能代表过渡配合的特征。（　）

10．过渡配合中可能有间隙，也可能有过盈。因此，过渡配合可以算是间隙配合，也可以算是过盈配合。（　）

11．在尺寸公差带图中，根据孔公差带和轴公差带的相对位置关系可以确定孔、轴的配合种类。（　）

12．孔和轴的加工精度越高，则其配合精度就越高。（　）

13．若配合的最大间隙为 +20 μm，配合公差为 30 μm，则该配合一定为过渡配合。（　）

三、选择题（在下列选项中选择一个正确答案，将其序号填在括号内）

1．关于孔和轴的概念，下列说法中错误的是（　）。

A．圆柱形的内表面为孔，外表面为轴

B．由截面呈矩形的四个内表面或外表面形成一个孔或一个轴

C．从装配关系看，包容面为孔，被包容面为轴

D．从加工过程看，切削过程中尺寸由小变大的为孔，尺寸由大变小的为轴

2．上极限尺寸与公称尺寸的关系是（　）。

A．前者大于后者　　B．前者小于后者

C．前者等于后者　　D．两者之间的大小无法确定

3．极限偏差是（　）。

A．设计时确定的

B．加工后测量得到的

C．实际尺寸减公称尺寸的代数差

D．上极限尺寸与下极限尺寸之差

4．下极限尺寸减去其公称尺寸所得的代数差为（　）。

A. 上极限偏差　　B. 下极限偏差

C. 基本偏差　　D. 实际偏差

5. 实际偏差是（　　）。

A. 设计时给定的　　B. 直接测量得到的

C. 通过测量、计算得到的　　D. 上极限尺寸与下极限尺寸之代数差

6. 某尺寸的实际偏差为零，则实际尺寸（　　）。

A. 必定合格　　B. 为零件的真实尺寸

C. 等于公称尺寸　　D. 等于下极限尺寸

7. 尺寸公差带图的零线表示（　　）。

A. 上极限尺寸　　B. 下极限尺寸

C. 公称尺寸　　D. 实际尺寸

8. 关于尺寸公差，下列说法中正确的是（　　）。

A. 尺寸公差只能大于零，故公差值前应标“+”号

B. 尺寸公差是用绝对值定义的，没有正负的含义，故公差值前不应标“+”号

C. 尺寸公差不能为负值，但可为零值

D. 尺寸公差为允许尺寸变动范围的界限值

9. 关于偏差与公差之间的关系，下列说法中正确的是（　　）。

A. 上极限尺寸越大，公差越大

B. 实际偏差越大，公差越大

C. 下极限尺寸越大，公差越大

D. 上、下极限尺寸之差的绝对值越大，公差越大

10. 当孔的上极限尺寸与轴的下极限尺寸之代数差为正值时，此代数差称为（　　）。

A. 最大间隙　　B. 最小间隙

C. 最大过盈　　D. 最小过盈

11. 当孔的下极限尺寸与轴的上极限尺寸之代数差为负值时，此代数差称为（　　）。

A. 最大间隙　　B. 最小间隙

C. 最大过盈　　D. 最小过盈

12. 当孔的下极限尺寸大于相配合的轴的上极限尺寸时，此配合性质是（　　）。

A. 间隙配合　　B. 过渡配合

C. 过盈配合　　D. 无法确定

13. 当孔的上极限尺寸大于相配合的轴的下极限尺寸时，此配合性质是（　　）。

A. 间隙配合　　B. 过渡配合

C. 过盈配合　　D. 无法确定

14. 下列各关系式中，能确定孔与轴的配合为过渡配合的是（　　）。

A. $EI \geqslant es$　　B. $ES \leqslant ei$

C. $EI > ei$　　D. $EI < ei < ES$

15. 下列各关系式中，表达正确的是（　　）。

A. $T_f = +0.023$ mm　　B. $X_{max} = 0.045$ mm

C. $ES = 0.024$ mm　　D. $es = -0.020$ mm

四、名词解释

1. 实际尺寸

2. 上极限尺寸

3. 尺寸公差带

4. 过渡配合

五、简答题

1. 公称尺寸是如何确定的？

2. 尺寸公差与极限偏差或极限尺寸之间有什么关系？写出计算式。

3. 配合分哪几类？各类配合中孔、轴公差带的相互位置是怎样的？

4. 什么是配合公差？试写出几种配合公差的计算式。

六、计算题

1. 计算出表 1—1 中空格处的数值，并按规定填写在表中。

表 1—1

mm

公称尺寸	上极限尺寸	下极限尺寸	上极限偏差	下极限偏差	公差	尺寸标注
轴 $\phi 40$	$\phi 40.105$	$\phi 40.080$				
孔 $\phi 18$			+0.093		0.043	
孔 $\phi 50$		$\phi 49.958$			0.025	
轴 $\phi 60$			−0.041	−0.087		
孔 $\phi 60$				−0.021	0.030	
孔 $\phi 70$						$\phi 70^{+0.018}_{-0.012}$
轴 $\phi 100$	$\phi 100$				0.054	

2. 计算下列孔和轴的尺寸公差，并绘制出尺寸公差带图。

（1）孔 $\phi 50^{+0.039}_{0}$ mm

（2）轴 $\phi 65^{-0.060}_{-0.134}$ mm

3. 画出下列各组配合的孔、轴公差带图，判断其配合性质，并计算极限过盈（或极限间隙）和配合公差。

（1）孔为 $\phi60\,^{+0.030}_{\ \ 0}$ mm，轴为 $\phi60\,^{-0.030}_{-0.049}$ mm

（2）孔为 $\phi70\,^{+0.030}_{\ \ 0}$ mm，轴为 $\phi70\,^{+0.039}_{+0.020}$ mm

§1—2　极限与配合标准的基本规定

一、填空题（将正确答案填在横线上）

1. 国家标准设置了____个标准公差等级，其中______级精度最高，______级精度最低。

2. 同一公差等级对所有公称尺寸的一组公差，被认为具有________的精确程度，但却有________的公差数值。

3. 在公差等级相同的情况下，不同的尺寸段，公称尺寸越大，公差值______。

4. 在同一尺寸段内，尽管公称尺寸不同，但只要公差等级相同，其标准公差值就________。

5. 用以确定公差带相对于零线位置的上极限偏差或下极限偏差称为___________，此偏差一般为靠近________的那个偏差。

6. ___________确定公差带的位置，___________确定公差带的大小。

7. 国家标准对公称尺寸至 500 mm 的孔、轴规定了___________、___________和___________三类公差带。

8. 国家标准对孔与轴公差带之间的相互关系规定了两种基准制，即___________

和__________。

9. 基孔制配合中的孔称为________，其基本偏差为________偏差，代号为____，数值为____，其公差带在零线以____。

10. 基轴制配合中的轴称为________，其基本偏差为________偏差，代号为____，数值为____，其公差带在零线以____。

11. 配合代号用孔、轴________________的组合表示，写成分数形式，分子为________________，分母为________________。

12. 国家标准对线性尺寸的一般公差规定了四个等级，即______________、______________、______________和______________。

13. 国家标准中规定尺寸的基准温度为______。

二、判断题（判断正误，并在括号内填"√"或"×"）

1. 两个标准公差中，数值大的所表示的尺寸精度必定比数值小的所表示的尺寸精度低。（ ）

2. 不论公差数值是否相等，只要公差等级相同，则尺寸精度就相同。（ ）

3. 公差等级相同时，其加工精度一定相同；公差数值相等时，其加工精度不一定相同。（ ）

4. 基本偏差可以是上极限偏差，也可以是下极限偏差，因而一个公差带的基本偏差可能出现两个。（ ）

5. 由于基本偏差为靠近零线的那个偏差，因而一般以数值小的那个偏差作为基本偏差。（ ）

6. 代号 H 和 h 的基本偏差数值都等于零。（ ）

7. 代号 JS 和 js 形成的公差带为完全对称公差带，故其上、下极限偏差相等。（ ）

8. 因为公差等级不同，所以 ϕ50H7 与 ϕ50H8 的基本偏差数值不相等。（ ）

9. 选用公差带时，应按常用公差带、优先公差带、一般公差带的顺序选取。（ ）

10. 基轴制是轴的精度一定而通过改变孔的精度得到各种配合的一种制度。（ ）

11. 由于基准孔是基孔制配合中的基准件，基准轴是基轴制配合中的基准件，因而基准孔和基准轴不能组成配合。（ ）

12. 基孔制或基轴制间隙配合中，孔的公差带一定在零线以上，轴的公差带一定在零线以下。（ ）

13. 线性尺寸的一般公差是指加工精度要求不高不低而处于中间状态的尺寸公差。（ ）

三、选择题（在下列选项中选择一个正确答案，将其序号填在括号内）

1. 对标准公差的论述，下列说法中错误的是（ ）。

A. 标准公差的大小与公称尺寸和公差等级有关，与该尺寸表示的是孔还是轴无关

B. 在任何情况下，公称尺寸越大，标准公差必定越大

C. 公称尺寸相同，公差等级越低，标准公差越大

D. 某一公称尺寸段为 50 ~ 80 mm，则公称尺寸为 60 mm 和 75 mm 的同等级的标准

公差数值相同

2. 确定不在同一尺寸段的两尺寸的精确程度，是根据（　　）。

A. 两个尺寸的公差数值的大小　　B. 两个尺寸的基本偏差

C. 两个尺寸的公差等级　　D. 两个尺寸的实际偏差

3. $\phi 20^{+0.033}_{0}$ mm 与 $\phi 200^{+0.072}_{0}$ mm 相比，其尺寸精确程度（　　）。

A. 相同　　B. 前者高，后者低

C. 前者低，后者高　　D. 无法比较

4. ϕ20f6、ϕ20f7、ϕ20f8 三个公差带（　　）。

A. 上、下极限偏差相同

B. 上极限偏差相同，但下极限偏差不相同

C. 上、下极限偏差不相同

D. 上极限偏差不相同，但下极限偏差相同

5. 下列孔与基准轴配合，组成间隙配合的是（　　）。

A. 孔的上、下极限偏差均为正

B. 孔的上极限偏差为正，下极限偏差为负

C. 孔的上、下极限偏差均为负

D. 孔的上极限偏差为零，下极限偏差为负

6. ϕ65H7/f9 组成了（　　）。

A. 基孔制间隙配合　　B. 基轴制间隙配合

C. 基孔制过盈配合　　D. 基轴制过盈配合

7. 下列配合中，公差等级选择不当的是（　　）。

A. H7/g6　　B. H9/g9

C. H7/f8　　D. M8/h8

8. 对于“一般公差——线性尺寸的未注公差”，下列说法中错误的是（　　）。

A. 一般公差主要用于较低精度的非配合尺寸

B. 零件上的某些部位在使用功能上无特殊要求时，可给出一般公差

C. 线性尺寸的一般公差是在车间普通工艺条件下，机床设备一般加工能力可保证的公差

D. 图样上未标注公差的尺寸，表示加工时没有公差要求及相关的加工技术要求

四、名词解释

1. 基本偏差

2．基孔制

3．一般公差

五、简答题

1．按顺序分别写出孔和轴的基本偏差代号。

2．孔和轴的公差带代号是怎样组成的？举例说明。

3．标注尺寸公差时可采用哪几种形式？各举例说明。

4．解释下列代号的含义。

（1）$\phi 65M8$

（2）$\phi 40\frac{K7}{h6}$

5．已知下列配合代号，不用查表，试说明这些配合代号的含义、配合性质和配合制。

（1）$\phi 18\frac{H9}{g9}$

（2）$\phi 40\frac{H5}{h4}$

（3）$\phi 120\frac{JS8}{h7}$

六、计算题

1．查极限偏差数值表确定下列尺寸的极限偏差，并计算其公差值。

（1）$\phi 8b10$

（2）$\phi 36f6$

（3）$\phi12C11$

（4）$\phi50js7$

2．查表确定下列各组配合中孔和轴的极限偏差，计算其极限尺寸和公差，并画出公差带图。判定配合类型，并求出配合的极限过盈（或极限间隙）及配合公差。

（1）$\phi30\,\dfrac{H7}{k6}$

（2）$\phi85\,\dfrac{P6}{h5}$

3．图 1—1 所示为一组配合的孔、轴公差带图，试根据此图回答下列问题：

（1）孔、轴的公称尺寸是多少？

（2）孔、轴的基本偏差是多少？

（3）分别计算孔、轴的上、下极限尺寸。

（4）判别配合制及配合类型。

（5）计算极限过盈（或极限间隙）和配合公差。

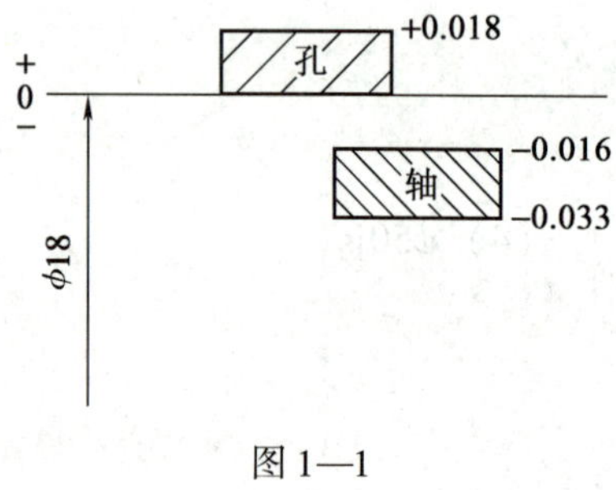

图 1—1

4．已知三对配合的孔、轴尺寸分别为：

孔的尺寸	轴的尺寸
$\phi25^{+0.021}_{0}$	$\phi25^{-0.020}_{-0.033}$
$\phi25^{+0.021}_{0}$	$\phi25\pm0.0065$
$\phi25^{+0.021}_{0}$	$\phi25^{0}_{-0.013}$

（1）若公称尺寸为 $\phi25$ mm 时，f 的基本偏差为 -20 μm，IT7 = 21 μm，IT6 = 13 μm，试写出上述配合的代号。

（2）指出上述三对配合的异同点。

5. 公称尺寸为 $\phi 50$ mm 的基孔制配合，已知孔、轴的公差等级相同，配合公差 T_f = 0.078 mm，配合的最大间隙 X_{max} = +0.103 mm。试确定孔、轴的极限偏差及另一极限过盈（或极限间隙）。

6. 公称尺寸为 $\phi 80$ mm 的基孔制配合，已知配合公差 T_f =0.049 mm，配合的最大间隙 X_{max} = +0.019 mm，轴的下极限偏差 ei = +0.011 mm，试确定另一极限过盈（或极限间隙）和孔、轴的极限偏差。

§1—3　公差带与配合的选用

一、填空题（将正确答案填在横线上）

1. 公差带与配合的选择就是____________、____________和____________的选择。

2. 选择公差等级时要综合考虑____________和____________两方面的因素，总的选择原则是在满足____________的条件下，尽量选取___的公差等级。

3. 配合制的选用原则是在一般情况下优先采用__________，有些情况下可采用__________；若与标准件配合时，配合制则依__________而定。

4. 一般情况下，配合种类的选用采用________的方法。

二、判断题（判断正误，并在括号内填“√”或“×”）

1. 机械加工方法中，加工精度最高的是磨削。 (　　)
2. 采用基孔制配合一定比基轴制配合的加工经济性好。 (　　)
3. 优先采用基孔制的原因主要是孔比轴难加工。 (　　)

三、选择题（在下列选项中选择一个正确答案，将其序号填在括号内）

1. 关于公差等级的选用，下列说法中错误的是（　　）。
   A. 公差等级越高，使用性能越好，但零件加工困难，生产成本高
   B. 公差等级低，零件加工容易，生产成本低，但零件使用性能也较差
   C. 公差等级的选用，一般情况下采用试验法
2. 下列各零件中，公差等级选用不合理的是（　　）。
   A. 机床手柄直径选用 IT5
   B. 发动机活塞选用 IT6
   C. 量块选用 IT0
3. 要加工一公差等级为 IT6 的孔，以下加工方法不能采用的是（　　）。
   A. 磨削
   B. 车削
   C. 铰削
4. 下列情况中，不能采用基轴制配合的是（　　）。
   A. 采用冷拔圆型材作轴
   B. 滚动轴承内圈与转轴轴颈的配合
   C. 滚动轴承外圈与壳体孔的配合

四、简答题

为什么一般情况下要优先选用基孔制配合？

五、综合题

加工如图 1—2 所示的双向台阶轴，要保证外圆 $\phi52$ mm、$\phi66$ mm、$\phi70$ mm 和 $\phi85$ mm 至图样所示要求，则各外圆尺寸分别加工到什么范围内为合格品？加工出一个零件后，经过测量得到外圆尺寸分别为 $\phi52.13$ mm、$\phi65.96$ mm、$\phi70$ mm、$\phi84.93$ mm，请判断各外圆尺寸是否合格。

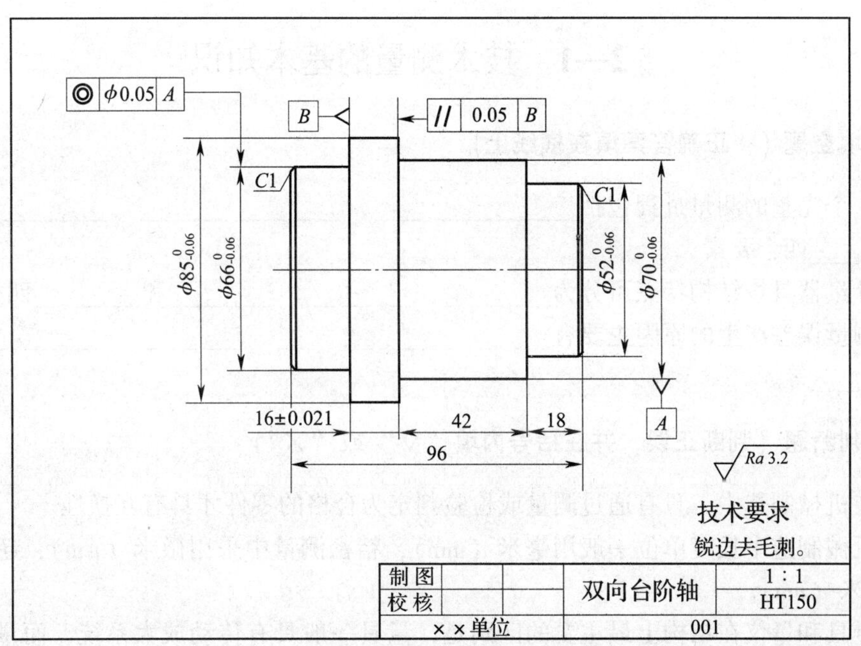

图 1—2

第2章 技术测量基本知识及计量器具的使用

§2—1 技术测量的基本知识

一、填空题（将正确答案填在横线上）

1. 一个完整的测量过程包括______________、______________、______________和____________四个要素。

2. 计量器具按结构特点可分为________、________、________和________四类。

3. 测量误差产生的原因主要有______________、______________、______________和____________等。

二、判断题（判断正误，并在括号内填"√"或"×"）

1. 在机械制造中，只有通过测量或检验判定为合格的零件才具有互换性。（ ）

2. 机械制造中长度单位一般用毫米（mm），精密测量中采用微米（μm），超精密测量中采用纳米（nm）。

3. 量具和量仪在结构上最主要的区别是，量具一般具有传动放大系统，而量仪没有此系统。（ ）

4. 使用相同精度的计量器具，采用直接测量法比采用间接测量法精度高。（ ）

5. 规格为150 mm的游标卡尺的示值范围和测量范围均为0～150 mm，因而可以说示值范围和测量范围属于同一概念。（ ）

6. 如某量具的零位未对齐，则用此量具测量所产生的误差，从误差产生原因上看属于计量器具误差。（ ）

7. 用游标卡尺测量轴径时，由于没有看准对齐的刻线而产生的误差，从误差产生原因上看属于方法误差。（ ）

三、选择题（在下列选项中选择一个正确答案，将其序号填在括号内）

1. 检验与测量相比，其最主要的特点是（ ）。

   A. 检验适合大批生产

   B. 检验所使用的计量器具比较简单

   C. 检验只判定零件的合格性，而无须得出具体量值

   D. 检验的精度比较低

2. 关于量具，下列说法中错误的是（ ）。

   A. 量具的结构一般比较简单　　B. 量具可分为标准量具和通用量具两种

C. 量具没有传动放大系统　　D. 量具只能与其他计量器具同时使用

3. 下列计量器具中，不属于通用量具的是（　　）。

A. 钢直尺　　B. 量块

C. 游标卡尺　　D. 千分尺

4. 关于间接测量法，下列说法中错误的是（　　）。

A. 测量的是与被测尺寸有一定函数关系的其他尺寸

B. 计量器具的测量装置不直接与被测工件表面接触

C. 必须通过计算获得被测尺寸的量值

D. 用于不便直接测量的场合

5. 关于相对测量法，下列说法中正确的是（　　）。

A. 相对测量的精度一般比较低

B. 相对测量时只需用量仪即可

C. 计量器具的测量装置不直接和被测工件表面接触

D. 计量器具所读取的是被测几何量与标准量的偏差

6. 用游标卡尺测量工件的轴径尺寸属于（　　）。

A. 直接测量、绝对测量　　B. 直接测量、相对测量

C. 间接测量、绝对测量　　D. 间接测量、相对测量

7. 计量器具能准确读出的最小单位数值就是计量器具的（　　）。

A. 校正值　　B. 示值误差

C. 分度值　　D. 刻度间距

8. 下列各项中，不属于方法误差的是（　　）。

A. 计算公式不准确　　B. 操作者看错读数

C. 测量方法选择不当　　D. 工件安装定位不准确

四、名词解释

1. 测量

2. 检验

3. 直接测量

4. 间接测量

五、简答题

简述量具与量规的分类及用途。

§2—2 长度尺寸测量常用器具及其应用

一、填空题（将正确答案填在横线上）

1. 游标卡尺由______________、____________、____________、________、________、____________和__________等组成。

2. 游标卡尺常用来测量零件的________、________、________、________及________等。

3. 游标卡尺的分度值有______ mm、______ mm 和______ mm 三种。

4. 螺旋测微量具按用途可分为______________、______________、______________、______________和______________等。

5. 千分尺的分度原理：千分尺测微螺杆的螺距为______ mm，当微分筒旋转一周时，测微螺杆轴向移动______ mm，微分筒的外圆周上刻有______等分的刻度，则微分筒每转动一格时螺杆轴向移动______ mm。

6. 使用量块时，为了减小量块组合的________误差，应尽量减少使用的块数，一般要求不超过________块。选用量块时，应根据所需组合的尺寸，从______________开始选择。

7. 清洁千分尺应使用____________，然后加入少量____________或____________。

8. 不得将千分尺放在________、有____和有____的地方，也不得放在________或________的地方。

9. 计量器具要实行________检定。

10. 使用游标高度卡尺时，为避免产生视觉误差，读数时视线要与读数面______________________。

二、判断题（判断正误，并在括号内填"√"或"×"）

1. 游标卡尺是利用尺身刻度间距和游标刻度间距之差来进行小数部分读数的。差值越小，其分度值越小，游标卡尺的测量精度越高。（　　）

2. 分度值为 0.02 mm 的游标卡尺，尺身上的刻度间距比游标上的刻度间距大0.02 mm。（　　）

3. 分度值为 0.02 mm 的游标卡尺，尺身上 50 格的长度与游标上 49 格的长度相等。（　　）

4. 游标卡尺是精密量具，因此在测量前不需要进行零位校正。（　　）

5. 校正游标卡尺的零位就是校正尺身零刻线与游标零刻线对齐。（　　）

6. 游标卡尺是一种使用广泛的通用量具，无论哪种游标卡尺均不能用于划线，以免影响其精度。（　　）

7. 各种千分尺的分度值均为千分之一毫米，即 0.001 mm。（　　）

8. 量块是一种精密量具，因而可以单独利用它直接测量精度要求较高的工件尺寸。（　　）

9. 量块是没有刻度的量具，因而利用量块进行测量时，不可能得到被测尺寸的具体数值，而只能确定零件合格与否。（　　）

10. 测量前无须对计量器具校正零位。（　　）

11. 若用游标卡尺的测量爪当作划针使用，要用紧固螺钉锁紧。（　　）

12. 任何计量器具在使用过程中均应轻拿轻放，以免磕碰而造成损伤。（　　）

13. 计量器具使用完后，不得与锉刀等工具随意摆放在一起。（　　）

14. 若千分尺的测量面有锈点、毛刺等情况，操作者应用砂布、锉刀等工具进行修复。（　　）

三、选择题（在下列选项中选择一个正确答案，将其序号填在括号内）

1. 分度值为 0.02 mm 的游标卡尺，当游标卡尺的读数为 42.18 mm 时，游标上第 9 格刻线应对齐尺身上（　　）mm 的刻线。

A. 24　　B. 42

C. 51　　D. 60

2. 分度值为 0.02 mm 的游标卡尺，当游标上的零刻线对齐尺身上 15 mm 的刻线，游标上第 50 格刻线与尺身上 64 mm 的刻线对齐时，其读数值为（　　）mm。

A. 16　　　　　　　　　　B. 15

C. 64　　　　　　　　　　D. 14

3. 用游标卡尺的深度尺测量槽深时，尺身应（　　）槽底。

A. 垂直于　　　　　　　　B. 平行于

C. 倾斜于

4. 关于外径千分尺的特点，下列说法中错误的是（　　）。

A. 使用灵活，读数准确

B. 测量精度比游标卡尺高

C. 在生产中使用广泛

D. 螺纹传动副的精度很高，因而适合测量精度要求很高的零件

5. 量块是一种精密量具，应用较为广泛，但它不能用于（　　）。

A. 评定表面粗糙度　　　　B. 检定和校准其他量具、量仪

C. 调整量具和量仪的零位　　D. 调整精密机床、精密划线等

6. 关于量块的特性，下列说法中正确的是（　　）。

A. 量块是没有刻度的平行端面量具，是专用于某一特定尺寸的，因此它属于量规

B. 利用量块的研合性，就可用不同尺寸的量块组合成所需的各种尺寸

C. 在实际生产中，量块是单独使用的

D. 量块的制造精度分五级，其中0级最高，3级最低

7. 关于量块的使用，下列说法中错误的是（　　）。

A. 要防止腐蚀性气体侵蚀量块，不能用手接触测量面，避免影响量块的组合精度

B. 组合前，应先根据工件尺寸选择好量块，一般不超过5块

C. 量块选好后，在组合前要用麂皮或软绸将各面擦净，用推压的方法逐块研合

D. 使用后为了保护测量面不被碰伤，应将量块组合在一起存放

四、简答题

1. 简述分度值为0.02 mm的游标卡尺的刻线原理。

2. 使用游标卡尺时应注意哪些事项？

3. 应如何维护和保养游标卡尺？

4. 使用千分尺时应注意哪些事项？

5. 简述量块的尺寸组合及使用方法。

五、综合题

1．简述游标卡尺的读数方法，并识读图 2—1 所示的各游标卡尺的读数。

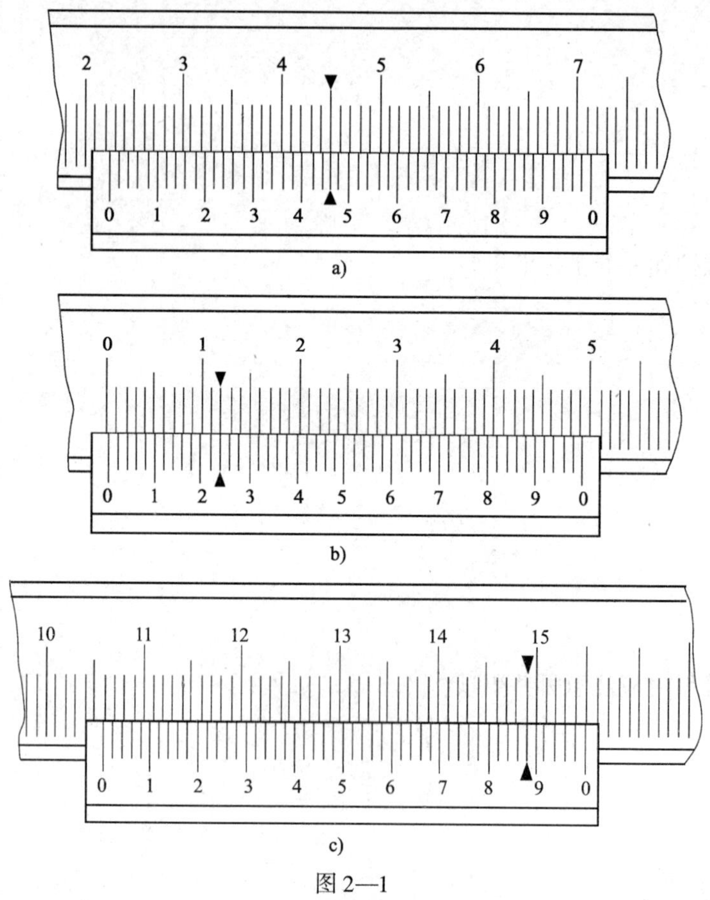

图 2—1

2. 简述千分尺的读数方法，并识读图 2—2 所示的各千分尺的读数。

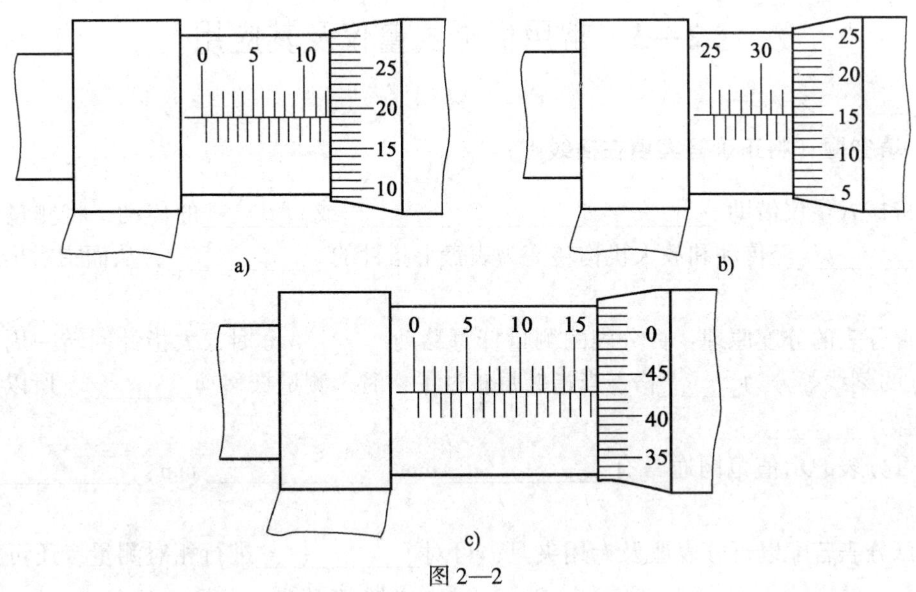

图 2—2

3. 利用 91 块成套量块，选择组成 $\phi58e6$ 两极限尺寸的量块组（提示：先确定极限尺寸）。

§2—3 常用机械式量仪及其应用

一、填空题（将正确答案填在横线上）

1. 机械式量仪借助________、________、________或________的传动，将测量杆的微小____________经传动和放大机构转变为表盘上指针的__________，从而指示出相应的数值。

2. 百分表的分度原理：百分表的测量杆每移动______ mm 时，大指针回转一周，而其刻度盘上的刻线等分为______格，当指针每转过 1 格时，测量杆移动________，所以百分表的分度值为________。

3. 百分表的示值范围通常有__________ mm、__________ mm、__________ mm 三种。

4. 百分表若配以百分表座及专用夹具，可对__________进行相对测量，还可测量工件的__________、__________、__________及跳动误差。

二、判断题（判断正误，并在括号内填"√"或"×"）

1. 百分表的示值范围最大为 0 ~ 10 mm，因而百分表只能用来测量尺寸较小的工件。（　　）

2. 用百分表测量时，测量杆的行程不应超出它的测量范围。（　　）

三、选择题（在下列选项中选择一个正确答案，将其序号填在括号内）

1. 用百分表测量轴表面时，测量杆的中心线应（　　）。

A. 垂直于轴表面

B. 通过轴中心线

C. 垂直于轴表面且通过轴中心线

D. 与轴表面成一定的倾斜角度

2. 百分表校正零位后，若测量时长指针沿逆时针方向转过 20 格，指向标有 80 的刻度线，则测量杆沿轴线相对于测头方向（　　）。

A. 缩进 0. 2 mm　　B. 缩进 0. 8 mm

C. 伸出 0. 2 mm　　D. 伸出 0. 8 mm

四、简答题

1. 常用的机械式量仪有哪些？

2．简述百分表的使用注意事项。

五、综合题

图 2—3 所示为用百分表和量块测量轴径尺寸的示意图，轴径尺寸为 $\phi179\ _{-0.10}^{\ 0}$ mm。

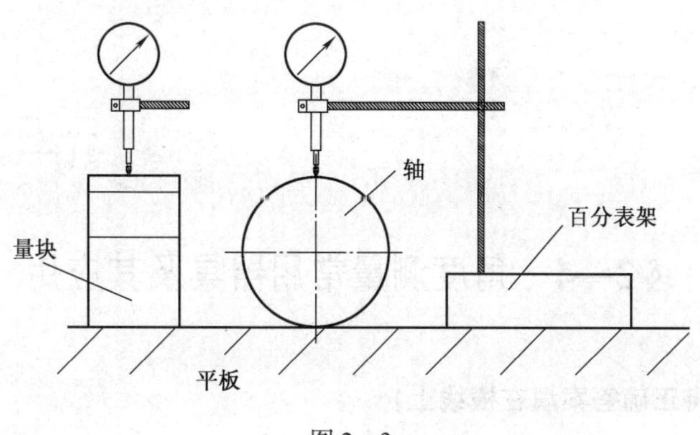

图 2—3

（1）简述测量步骤。

（2）量块组的作用是________________________________。量块组的尺寸应为轴的公称尺寸，用 46 块一套的量块组成量块组，所用量块的尺寸分别是____。

(3) 若轴径尺寸合格，测量时指针应按__________方向偏转，偏转的范围为起始于______格，终止于______格。

(4) 测一轴径，若百分表指针逆时针转了7格，该轴是否合格？其尺寸是多少？

§2—4 角度测量常用器具及其应用

一、填空题（将正确答案填在横线上）

1. 万能角度尺是用来测量工件____________的量具。按其分度值不同，可分为____________和____________两种。

2. 分度值为2′的万能角度尺，游标上____格的弧长对应于尺身上____°的弧长。

3. 正弦规是一种采用____________原理，利用________法来________测量角度的量具。

二、判断题（判断正误，并在括号内填“√”或“×”）

1. 由于万能角度尺是万能的，因而万能角度尺可以测量0°～360°内的任意角度。（ ）

2. 利用万能角度尺的基尺和直尺、角尺、扇形板的不同搭配，可测量不同范围内的角度。（ ）

3. 用万能角度尺测角度时，只装直尺可测的角度为0°～50°。（ ）

4. 万能角度尺的刻线原理与读数方法和游标卡尺相似。（ ）

5. 正弦规的结构简单，因此只能测量精度较低的角度。（ ）

6. 采用正弦规测量角度时，指示表的测头直接与被测工件的表面接触，因而属于直接测量法。（ ）

三、选择题（在下列选项中选择一个正确答案，将其序号填在括号内）

1. 将万能角度尺的角尺、直尺和夹块全部取下，直接用基尺和扇形板的测量面进行测量，所测量的角度范围为（　　）。

A. 0°～50°　　B. 50°～140°

C. 140°～230°　　D. 230°～320°

2. 关于万能角度尺，下列说法中错误的是（　　）。

A. 万能角度尺是用来测量工件内外角度的一种通用量具

B. 万能角度尺的刻线原理是利用尺身与游标的刻度间距之差来进行小数部分读数的

C. 万能角度尺在使用时，要根据被测工件的不同角度，正确搭配使用直尺和角尺

D. 分度值为2′的万能角度尺可以测量0°～360°的任意角度

3. 关于正弦规，下列说法中错误的是（　　）。

A. 正弦规测量角度采用的是间接测量法

B. 正弦规测量角度必须同量块和指示量仪（百分表或千分表）配合使用

C. 正弦规只能测量外圆锥角，而不能测量内圆锥角

D. 正弦规有很高的精度，可以作精密测量用

4. 用正弦规测量工件，应在（　　）上进行。

A. 工件　　B. 工作台　　C. 精密平板　　D. 无要求

四、综合题

1. 说明万能角度尺的读数方法，并识读图2—4所示的读数。

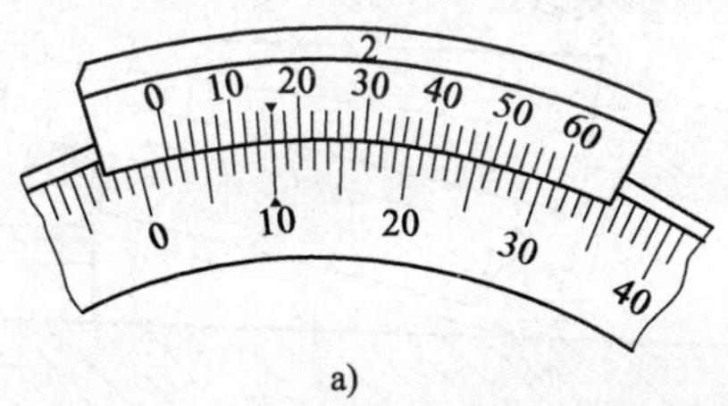

a)

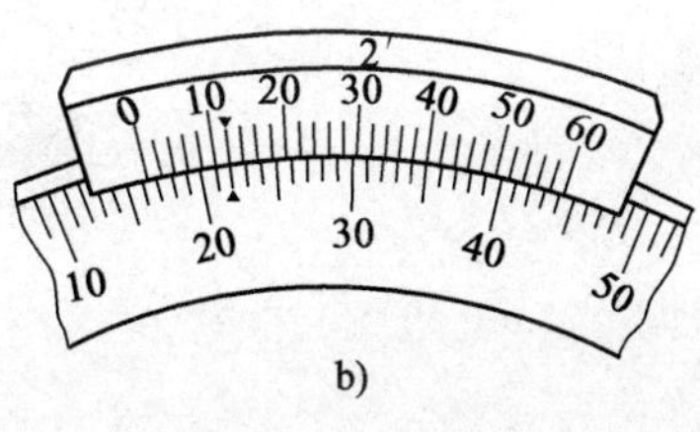

b)

图2—4

2. 用中心距 200 mm 的正弦规测量圆锥角为 $8°32'$ 的圆锥零件，试求量块组的高度 h（$\sin 8°32' \approx 0.1484$）。若用正弦规测量一样板的角度，量块组所垫高度刚好等于 50 mm，试求样板的顶角。

3. 用中心距 $L=100$ mm 的正弦规测量某锥度塞规，其基本圆锥角为 3°52.4"（3.014 554°），按图 2—5 所示的方法进行测量。

（1）试确定量块组的尺寸。

（2）测量时，千分表两测量点 a、b 间距离 $l=80$ mm，两点处的读数差 $n=0.008$ mm，且 a 点比 b 点低（即 a 点的读数比 b 点小），试确定该锥度塞规的锥度误差。

（3）试确定实际锥角的大小。

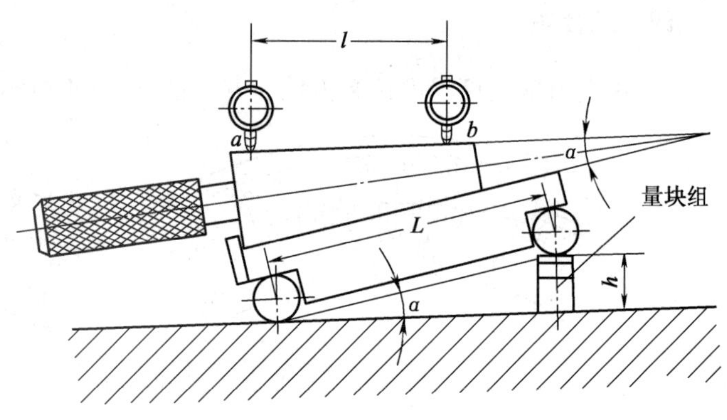

图 2—5

§2—5 常用量规及其他计量器具

一、填空题（将正确答案填在横线上）

1. 塞尺是用于检验两表面间________大小的量具，直角尺是用来检测________和__________误差的定值量具。

2. 宽座直角尺结构简单，可以检测工件的____________，结合__________使用还可以检测工件被测表面与基准面间的垂直度误差，并可用于_________和_________等。

3. 水平仪是一种用来测量被测平面相对__________的微小________的计量器具。

4. 无论是用卡规检验____还是用塞规检验____，只有当________能通过工件而________过不去时才表示被检工件合格，否则就不合格。

5. 偏摆仪是工厂中常用的一种计量器具，利用百分表、千分表可对回转体零件进行各种__________的检测。

二、判断题（判断正误，并在括号内填“√”或“×”）

1. 塞尺主要用于检测工件平面间的垂直度。（　　）

2. 框式水平仪可以检测被测表面与水平面的垂直度。（　　）

3. 分度值为0.02 mm/1 000 mm 的水平仪，当其水准器的气泡移动1格时，表示在1 000 mm的长度上，两端的高度差为0.02 mm。（　　）

4. 光滑极限量规结构简单，使用方便，检验效率高，因而适合于在大批生产中应用。（　　）

5. 由于光滑极限量规的结构简单，因而一般只用于检验精度较低的工件。（　　）

三、选择题（在下列选项中选择一个正确答案，将其序号填在括号内）

1. 对于计量器具，以下说法中错误的是（　　）。
   A. 塞尺可以单片使用也可以几片重叠在一起使用
   B. 直角尺结合塞尺使用可以检测工件的垂直度误差，并可用于划线和基准的校正等
   C. 宽工作面平尺通过透光法来检验工件的直线度或平面度
   D. 在平板上，利用指示表和方箱、V 形架等辅助工具，可以进行多种检测

2. 关于检验平尺，下列说法中正确的是（　　）。
   A. 检验平尺只能用来检验工件的平面度
   B. 检验平尺可以分为矩形平尺和工字形平尺
   C. 用样板平尺检验时要将其棱边紧贴工件的被测表面
   D. 宽工作面平尺通过透光法来检验工件的直线度或平面度

3. 关于水平仪，下列说法中正确的是（　　）。
   A. 不可用于检测机床等设备导轨的直线度

B. 只可用来测量工件的微小倾角

C. 水平仪只有水准式水平仪

D. 水平仪可用来检测机件工作面间的平行度

4. 关于水准式水平仪的工作原理，下列说法中错误的是（　　）。

A. 水准式水平仪的水准器是其主要工作部分

B. 水准器由一个密封的、有刻度的玻璃管构成，管内装满了乙醚或乙醇

C. 不管水准器位置如何，气泡总是趋向玻璃管的最高位置

D. 水准器相对于水平面倾斜度越大，气泡的偏移量越大

5. 关于分度值为0.02 mm/1 000 mm（4″）的水平仪，下列说法中错误的是（　　）。

A. 气泡移动一格时，被测平面在1 000 mm距离上的高度差为0.02 mm

B. 气泡移动一格时，被测平面在全长上的高度差为0.02 mm

C. 气泡移动一格时，被测平面在1 000 mm距离上对水平面倾斜了4″

D. 气泡移动一格时，被测平面在工件全长上对水平面倾斜了4″

四、计算题

用一分度值为0.02 mm/1 000 mm（4″）的水平仪测量一长度为1 200 mm的导轨工作面的倾斜程度。若测量时水平仪的气泡移动了1.5格，试求导轨工作面相对水平面的倾斜角度及导轨两端的高度差。

五、综合题

加工图 2—6 所示的固定套，请根据所学的测量知识，分析内孔 ϕ22H7、ϕ30. 5 mm，外圆 ϕ40f7、ϕ52 mm，长度 12 mm、74 mm 等尺寸各应用什么量具测量。这些尺寸分别加工到什么范围为合格品？

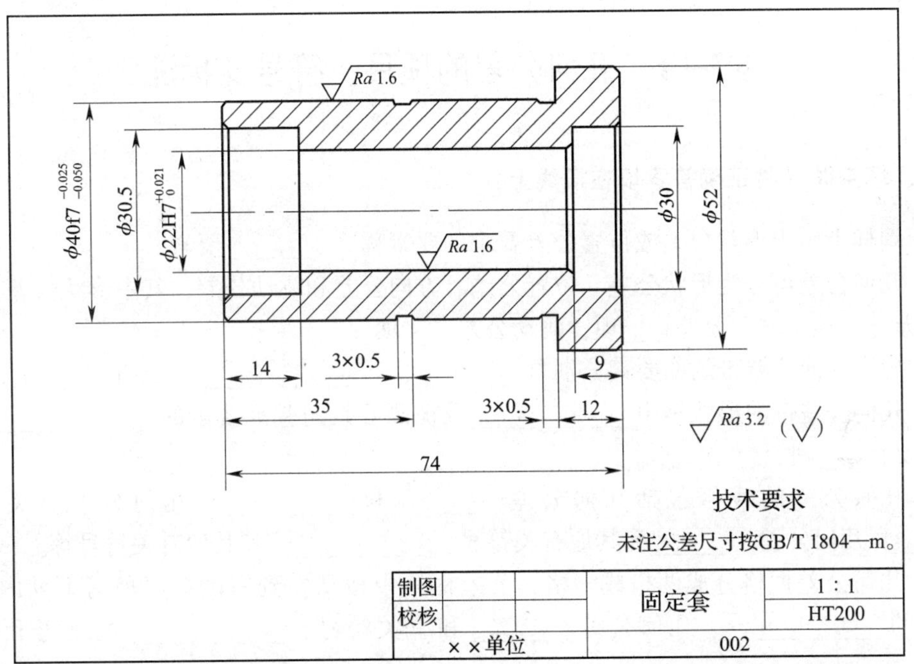

图 2—6

第3章　几何公差及其应用

§3—1　几何公差的项目、符号及标注

一、填空题（将正确答案填在横线上）

1．图样上给出形状公差或位置公差要求的要素称为________要素。

2．几何公差可分为形状公差、位置公差、方向公差和跳动公差，其中形状公差____项，位置公差____项，方向公差____项，跳动公差____项。

3．确定几何公差带的四要素分别是________、________、________和________。

4．几何公差带的形状是由____________及被测要素与基准要素的____________来确定的，主要有____种。

5．几何公差的代号包括几何公差________和__________、几何公差有关项目的________、几何公差________和其他有关符号、____________和其他有关符号等。

6．几何公差框格分成两格或多格，公差框格中按从左到右的顺序填写下列内容：几何公差的____________、几何公差________和有关符号、____________的字母和有关符号。

7．标注几何公差的附加要求时，属于被测要素数量的说明，应写在公差框格的________，属于解释性的说明，应写在公差框格的________。

8．当给定的公差带形状为圆或圆柱时，应在公差数值前加注“____”，当给定的公差带形状为球时，应在公差数值前加注“____”。

9．零件的几何误差是关于零件各个几何要素的自身________、________、________、________所产生的误差。

10．形状公差的几何特征有____________、____________、____________、____________、____________、____________，方向公差的几何特征有______________、______________、____________、____________、______________，位置公差的几何特征有______________、______________、____________、____________、____________、____________，跳动公差的几何特征有____________、____________。

二、判断题（判断正误，并在括号内填“√”或“×”）

1．在机械制造中，零件的几何误差是不可避免的。（　　）

2．由加工形成的在零件上实际存在的要素即被测要素。（　　）

3．几何公差带的形状与被测要素的几何特征有关，只要被测要素的几何特征相同，则几何公差带的形状必然相同。（　　）

4. 几何公差带的大小是指公差带的宽度、直径或半径差的大小。（ ）

5. 几何公差框格指引线的箭头指向被测要素公差带的宽度或直径方向。（ ）

6. 在标注基准代号时，基准代号中的连线应与基准要素平行，且无论基准符号在图样中方向如何，方格内的字母都应水平书写。（ ）

7. 若几何公差框格中基准代号的字母标注为 *A*—*B*，则表示此几何公差有两个基准。（ ）

三、选择题（在下列选项中选择一个正确答案，将其序号填在括号内）

1. 关于基准要素，下列说法中错误的是（ ）。

A. 确定被测要素的方向或（和）位置的要素为基准要素

B. 基准要素只能是导出要素

C. 图样上标注出的基准要素是理想要素

D. 基准要素可以是单个要素也可以由多个要素组成

2. 下列几何公差项目中属于形状公差的是（ ）。

A. 圆柱度　B. 平行度　C. 同轴度　D. 圆跳动

3. 下列几何公差项目中属于位置公差的是（ ）。

A. 圆柱度　B. 同轴度　C. 端面全跳动　D. 垂直度

4. 几何公差带是指限制实际要素变动的（ ）。

A. 范围　B. 大小　C. 位置　D. 区域

5. 几何公差的基准代号中字母（ ）。

A. 应按垂直方向书写　B. 应按水平方向书写

C. 应和基准符号的方向一致　D. 可按任意方向书写

6. 在标注几何公差时，如果被测范围仅为被测要素的一部分，应用（ ）表示出该范围，并标出尺寸。

A. 粗点画线　B. 粗实线　C. 双点画线　D. 细实线

7. 几何公差框格 <table><tr><td rowspan="2">—</td><td>0.05</td></tr><tr><td>0.02/100</td></tr></table> 表示（ ）。

A. 被测要素的直线度公差值为 0.05 mm

B. 在任意 100 mm 长度上被测要素的直线度公差值为 0.02 mm

C. 被测要素的直线度公差值为 0.05 mm 或 0.02 mm /100 mm

D. 在被测要素的全长上直线度公差值为 0.05 mm，在任意 100 mm 长度上的直线度公差值为 0.02 mm

四、名词解释

1. 实际要素

2．几何公差

五、简答题

1．试说明几何公差的附加要求中（+）、（-）、（▷）三个符号的含义。

2．在表 3—1 中填入几何公差项目名称、符号及基准要求。

表 3—1　　几何公差项目的名称和符号

几何公差类型	项目名称	符号	有无基准
形状公差		—	
	平面度		无
		○	
	圆柱度		无
	线轮廓度	⌒	
	面轮廓度		
方向公差	平行度		有
		⊥	
	倾斜度		
	线轮廓度		有
		⌓	
位置公差		⌖	
	同心度（用于中心点）		有
	同轴度（用于轴线）		
		⌯	
		⌒	有
	面轮廓度		
跳动公差		↗	
	全跳动		有

六、综合题

根据下列各项几何公差要求，在图 3—1 所示的几何公差框格中填上正确的几何公差项目符号、数值及基准字母。

（1）ϕ60 mm 圆柱面的轴线对 ϕ40 mm 圆柱面的轴线的同轴度为 ϕ0.05 mm，且如有同轴度误差，则只允许从右向左逐渐减小。

（2）ϕ60 mm 圆柱面的圆度为 0.03 mm，ϕ60 mm 圆柱面对 ϕ40 mm 圆柱面的轴线的径向全跳动为 0.06 mm。

（3）键槽两工作平面的中心平面对通过 ϕ40 mm 圆柱面轴线的中心平面的对称度为 0.05 mm。

（4）零件的左端面对 ϕ60 mm 圆柱轴线的垂直度为 0.05 mm，且如有垂直度误差，则只允许中间向材料内凹下。

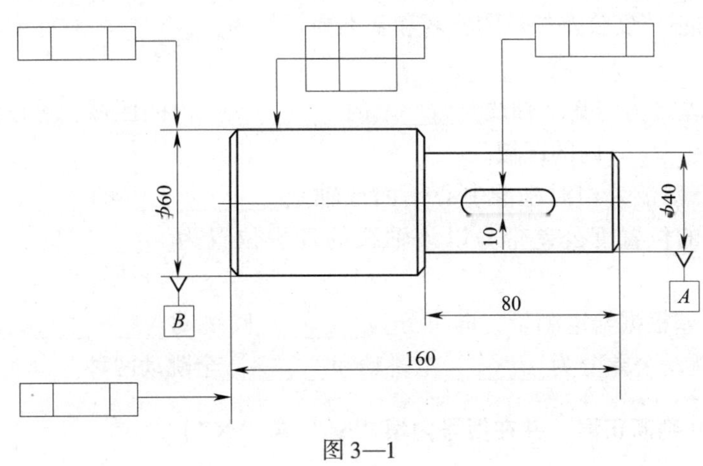

图 3—1

§3—2　几何公差项目的应用和解读

一、填空题（将正确答案填在横线上）

1. 直线度公差所限制的被测直线可以是________________、________________、________和________等。

2. 直线度公差带的形状有三种，分别是________、________、________。

3. 线轮廓度、面轮廓度为形状公差时，没有________，仅限制被测表面的________，当其为位置公差、方向公差时，要标注出________，不仅限制被测表面的________，还限制被测表面相对基准的________和________。

4. 线轮廓度公差带形状是________，面轮廓度公差带形状是________。

5. 同轴（同心）度公差的被测要素和基准要素均为________，对称度公差的被测要素和基准要素均为________或________。

6. 同轴度公差带为与基准轴线________的________内的区域，同心度公差带为与基准圆心________的______内的区域。

7. 对称度公差带为相对基准中心平面或轴线________的________之间的区域，空间轴线的位置度公差带为以该轴线的理想位置为________的________内的区域。

8. 圆跳动公差根据给定测量方向可分为________圆跳动、________圆跳动和________圆跳动三种，全跳动公差分为________全跳动和________全跳动两种。

二、判断题（判断正误，并在括号内填"√"或"×"）

1. 平面的几何特性要比直线复杂，因而平面度公差带形状要比直线度公差带形状复杂。（　　）

2. 平面度公差可以用来控制平面上直线的直线度误差。（　　）

3. 标注圆度公差时指引线的箭头应明显与尺寸线错开，并且箭头的方向应与回转面的轴线垂直。（　　）

4. 圆度公差的被测要素可以是圆柱面也可以是圆锥面。（　　）

5. 和圆度公差一样，圆柱度公差的被测要素也可以是圆柱面或圆锥面。（　　）

6. 面轮廓度公差带比线轮廓度公差带复杂，因而线轮廓度属形状公差，而面轮廓度属位置公差。（　　）

7. 判断线轮廓度和面轮廓度属形状公差还是方向公差、位置公差的主要依据是看图样上是否标注出基准，标注出基准的属方向公差、位置公差，未标注的属形状公差。（　　）

8. 理论正确尺寸与其他尺寸在标注时的区别是理论正确尺寸数字外加上方框。（　　）

9. 面对面、线对面和面对线的平行度公差带形状相同，均为两平行平面。（　　）

10. 任意方向上线对线的平行度公差带是直径为公差值 t 的圆柱面内的区域。（　　）

11. 面对面的垂直度公差带是距离为公差值 t，且垂直于基准平面的两平行直线之间的区域。（　　）

12. 在定向公差中，给定一个方向和任意方向在标注上的主要区别是：为任意方向时，必须在公差数值前写上表示直径的符号“ϕ”。

13. 跳动公差的被测要素为组成要素，而基准要素为导出要素，且为轴线。（　　）

14. 圆跳动和全跳动的划分是按被测要素的大小而定的，当被测要素面积较大时为全跳动；反之为圆跳动。（　　）

15. 圆柱度公差带与径向全跳动公差带形状相同，均为两同轴圆柱面之间的区域，因此二者可以相互替换。（　　）

16. 要素的方向公差可同时限制该要素的位置误差、方向误差和形状误差。（　　）

三、选择题（在下列选项中选择一个正确答案，将其序号填在括号内）

1. 关于任意方向的直线度公差要求，下列说法中错误的是（　　）。
   A. 其公差带是圆柱面内的区域
   B. 此项公差要求常用于回转类零件的轴线
   C. 任意方向实质上是没有方向要求
   D. 标注时公差数值前应加注符号“ϕ”

2. 平面度公差带是（　　）间的区域。
   A. 两平行直线　　B. 两平行平面
   C. 圆柱面　　D. 两同轴圆柱面

3. 圆度公差和圆柱度公差之间的关系是（　　）。
   A. 两者均控制圆柱体类零件的轮廓形状，因而两者可以替代使用
   B. 两者公差带形状不同，因而两者相互独立，没有关系
   C. 圆度公差可以控制圆柱度误差
   D. 圆柱度公差可以控制圆度误差

4. （　　）公差带是半径差为公差值 t 的两圆柱面内的区域。
   A. 直线度　　B. 平面度
   C. 圆度　　D. 圆柱度

5. 关于线轮廓度、面轮廓度公差，下列说法中错误的是（　　）。
   A. 线轮廓度公差只能用来控制曲线的形状精度，面轮廓度公差只能用来控制曲面的形状精度
   B. 线轮廓度公差带是两条等距曲线之间的区域
   C. 面轮廓度公差带是两等距曲面之间的区域
   D. 线轮廓度、面轮廓度公差带中的理论正确几何形状由理论正确尺寸确定

6. 在垂直度公差中，按被测要素和基准要素的几何特征划分，其公差带形状最复杂的是（　　）。
   A. 线对线的垂直度公差　　B. 线对面的垂直度公差
   C. 面对线的垂直度公差　　D. 面对面的垂直度公差

7. 在倾斜度公差中，确定公差带方向的因素是（　　）。

A．被测要素的形状　　　　　　　　　B．基准要素的形状

C．基准和理论正确角度　　　　　　　D．被测要素和理论正确尺寸

8．关于同轴（心）度公差和对称度公差的相同点，下列说法中错误的是（　　）。

A．两者的公差带形状相同

B．两者的被测要素均为导出要素

C．两者的基准要素均为导出要素

D．标注时，两者的几何公差框格的指引线箭头和基准代号的连线都应与对应要素的尺寸线对齐

9．下列公差带形状相同的有（　　）。

A．轴线的直线度与平面度

B．圆度与径向圆跳动

C．线对面的平行度与轴线的位置度

D．同轴度与对称度

四、综合题

1．根据图 3—2 中各图所标注出的几何公差，填写表 3—2 中的各项内容。

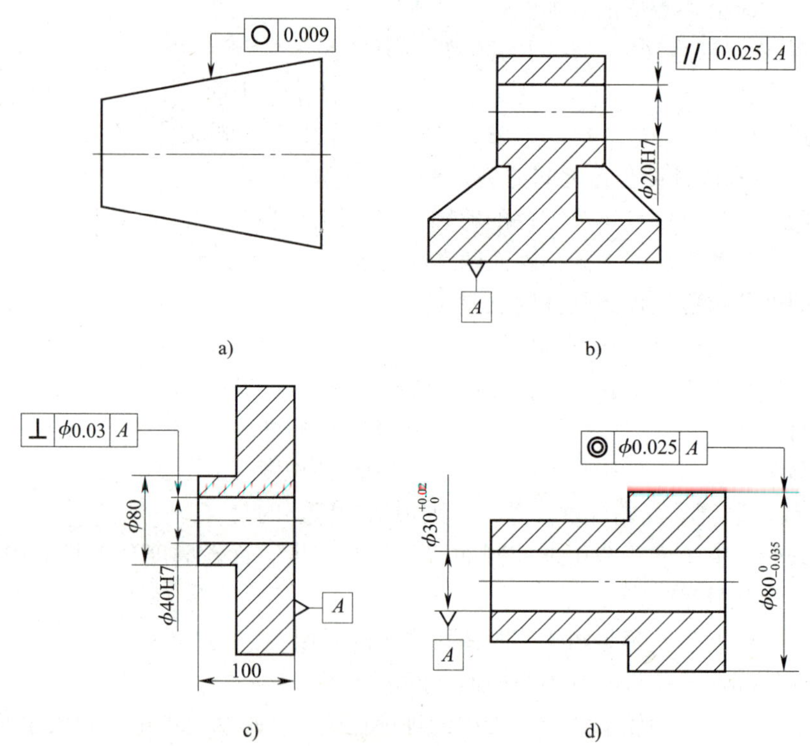

图 3—2

表 3—2

序号	几何公差项目符号	几何公差项目名称	被测要素	基准要素	公差带形状和大小
a	○				
b	//				
c	⊥				
d	◎				

2. 解释图 3—3 所示轴套各几何公差标注的含义（不用解释公差带）。

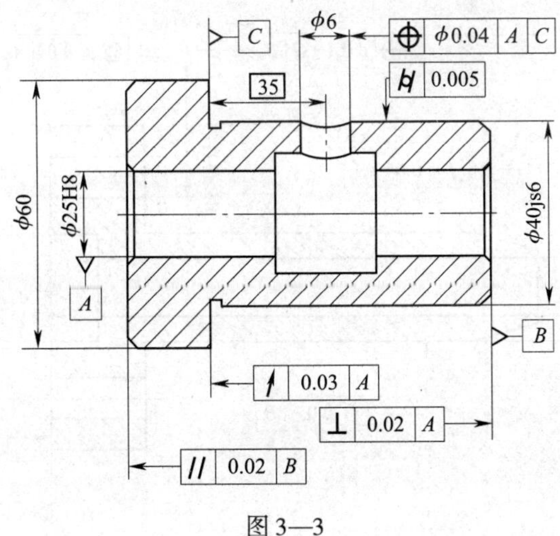

图 3—3

（1）⌭ 0.005

（2）// 0.02 B

（3）⊥ 0.02 A

（4）↗ 0.03 A

（5）⌖ ϕ0.04 A C

3．解释图 3—4 中所标注的各项几何公差要求的含义（不用解释公差带）。

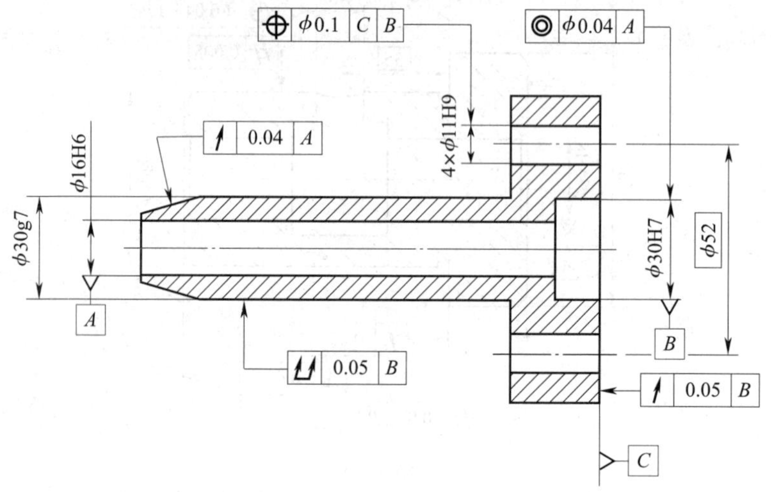

图 3—4

（1）◎ ϕ0.04 A

（2）⌖ ϕ0.1 C B

（3）↗ 0.04 A

（4）| ↗ | 0.05 | B |

（5）| ⌰ | 0.05 | B |

4．试指出图 3—5a 中标注的错误（在错的地方打“×”），并在 b 图的图样中进行正确标注（不得改变公差项目及被测要素）。

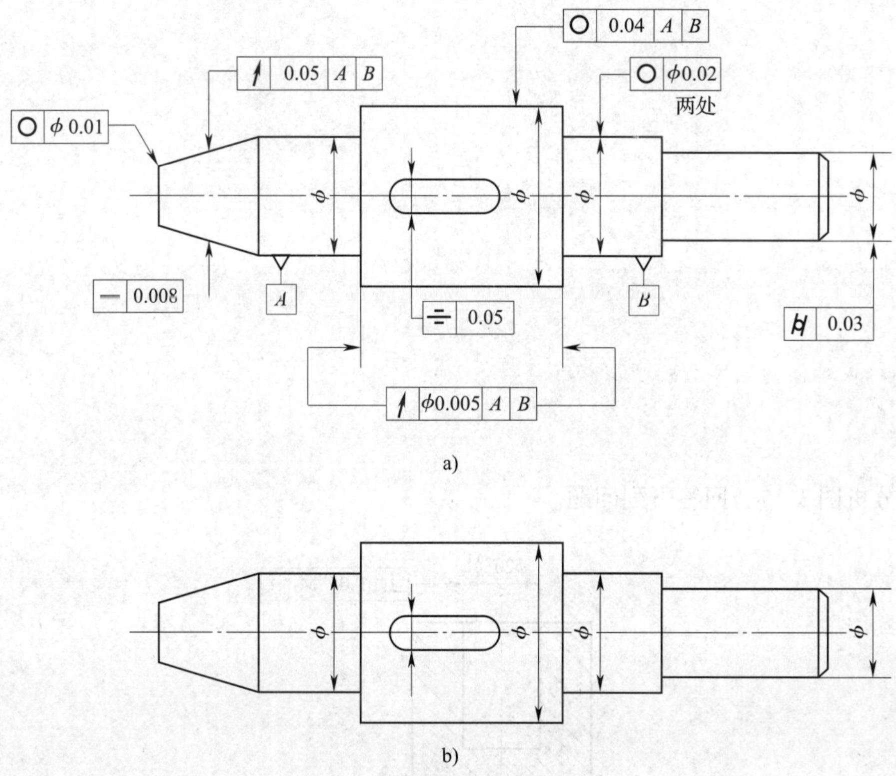

图 3—5

5．试将下列各项几何公差要求标注在图 3—6 所示的图样上。

（1）圆锥面 *A* 的圆度为 0. 006 mm，素线的直线度为 0. 005 mm，圆锥面 *A* 轴线对 ϕd 轴线的同轴度为 ϕ0. 015 mm。

（2）ϕd 圆柱面的圆柱度为 0. 009 mm，ϕd 轴线的直线度为 0. 012 mm。

（3）右端面 *B* 对 ϕd 轴线的圆跳动为 0. 01 mm。

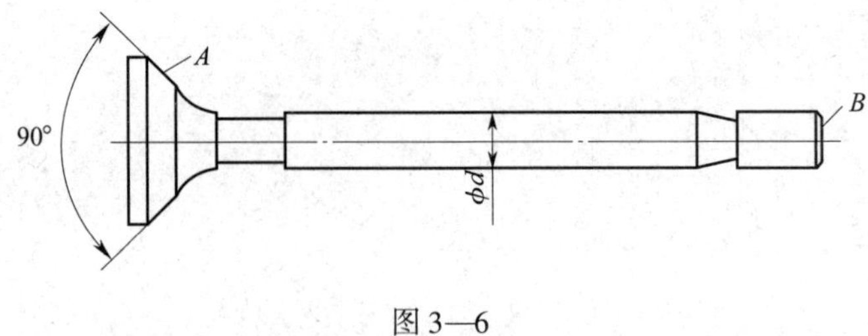

图 3—6

6. 分析图 3—7，回答下列问题。

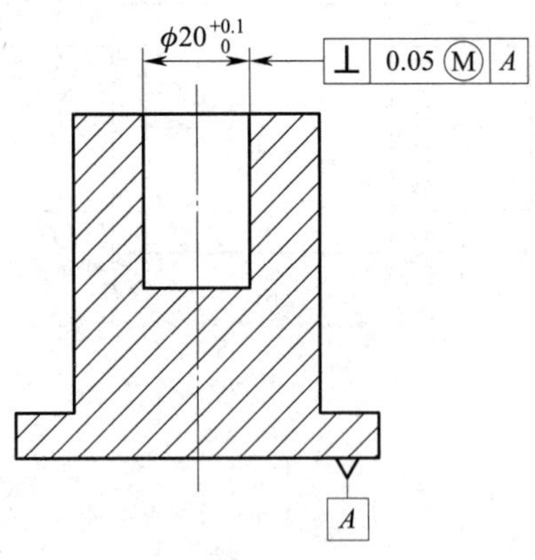

图 3—7

（1）当孔处在最大实体状态时，孔的轴线对基准平面 *A* 的垂直度公差为________ mm。

（2）孔的局部实际尺寸必须在____________ mm 至____________ mm 之间。

（3）孔的直径均为最小实体尺寸 $\phi 20.1$ mm 时，孔轴线对基准 *A* 的垂直度公差为________ mm。

（4）若加工后，测得其孔径为 $\phi20.55$ mm，孔轴线对基准 A 的垂直度误差为 0.12 mm，该孔是否合格？为什么？

（5）孔的实效尺寸为__________ mm。

§3—3　几何误差的检测

一、填空题（将正确答案填在横线上）

1. 用刀口尺测量直线度误差的方法：将刀口尺的________与实际轮廓贴紧，实际轮廓与________之间的__________就是直线度误差。

2. 检测外圆表面的圆度误差时，可用_________测出同一正截面的最大________差，此差值的________即为该截面的圆度误差。

3. 检测外圆表面的圆柱度误差时，可将工件放在平板上的 V 形块内，在工件回转一周过程中，测出该正截面上的________与________读数。按上述方法，连续测量若干正截面，取各截面内所测得的所有读数中______________________________，作为该圆柱面的圆柱度误差。

4. 检测轴上键槽中心平面对轴线的对称度误差时，基准轴线由_________模拟，键槽中心平面由_________模拟。

5. 检测对称度误差时，取其测量截面内对应两测点的__________作为对称度误差。

二、判断题（判断正误，并在括号内填“√”或“×”）

1. 国家标准规定了几何误差的检测方法，因此在实际生产中必须采用标准规定的检测方法和检测装置。（　　）

2. 圆柱孔的圆度误差可用内径百分表测量，测出同一正截面内的最大值与最小值之差即为该截面的圆度误差。（　　）

3. 在 V 形块上用指示表测量工件外圆表面的圆柱度误差时，为测量准确，通常使用夹

角为 90°、120°的两个 V 形块分别测量。 (　　)

4. 测量面对面的平行度误差时，可将工件放置在平板上，用指示表测量被测平面上各点，指示表的最大读数与最小读数之差即该工件的平行度误差。 (　　)

5. 测量工件某一外圆对两端中心孔的公共轴线的径向圆跳动时，可将工件安装在顶尖之间，在工件回转一周过程中，指示表读数的最大值和最小值之差的一半即该外圆的径向圆跳动误差。 (　　)

6. 用百分表测量轴类零件的直线度时，测量杆的中心线不必通过被测工件的中心线。 (　　)

7. 用塞尺测量垂直度的方法适用于精度要求不高的场合。 (　　)

三、简答题

1. 在选择加工零件几何误差的检测方法时，应考虑哪些因素？

2. 测量方向误差、位置误差、跳动误差时，为什么对平板、直角尺等附件有较高的精度要求？

四、综合题

本章已经学习了几何公差的有关知识，请针对图 3—8 所示的固定套说明该零件要保证哪几项几何公差要求。应如何保证？简述检测步骤。

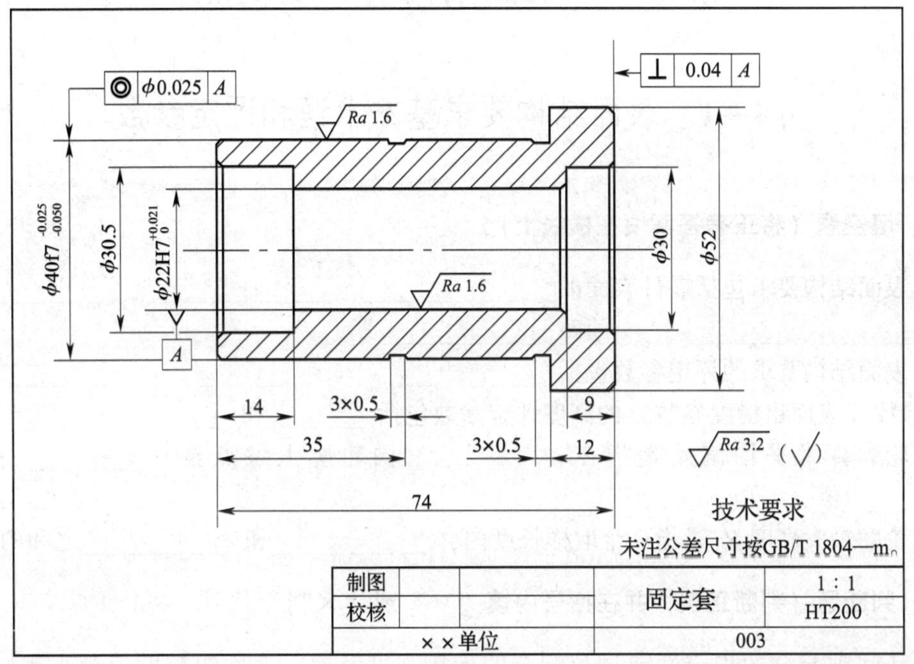

图 3—8

第4章　表面结构要求及检测

§4—1　表面结构要求基本术语和评定参数

一、填空题（将正确答案填在横线上）

1. 表面结构要求包括零件表面的____________、____________、____________、____________、____________和____________等。

2. 表面结构要求的评定参数包括__________、__________、__________。其中，*R* 轮廓参数（表面粗糙度参数）的高度评定参数包括_______和_______。

3. 轮廓算术平均偏差是指在__________内轮廓上各点至__________距离的__________值。

4. 轮廓最大高度 *Rz* 是指一个取样长度内，__________和__________之和的高度。

二、判断题（判断正误，并在括号内填“√”或“×”）

1. 从间隙配合的稳定性或过盈配合的连接强度考虑，表面粗糙度值越小越好。
（　　）

2. 取样长度过短不能反映表面粗糙度的真实情况，因此，取样长度越长越好。
（　　）

3. 在 *Ra*、*Rz* 参数中，*Ra* 能充分反映表面微观几何形状高度方面的特性。
（　　）

三、选择题（在下列选项中选择一个正确答案，将其序号填在括号内）

1. 表面粗糙度反映的是零件被加工表面上的（　　）。
   A. 微观几何形状误差
   B. 表面波纹度
   C. 宏观几何形状误差
   D. 形状误差

2. 关于表面粗糙度对零件使用性能的影响，下列说法中错误的是（　　）。
   A. 一般情况下表面越粗糙，磨损越快
   B. 表面粗糙度影响间隙配合的稳定性或过盈配合的连接强度
   C. 表面越粗糙，表面接触面受力时，峰顶处的局部塑性变形越大，从而降低了零件的疲劳强度
   D. 减小表面粗糙度值，可提高零件表面的抗腐蚀性

四、简答题

什么是评定长度？一般情况下评定长度如何取值？

§4—2　表面结构要求的标注

一、填空题（将正确答案填在横线上）

1．表面结构代号由表面结构____________和表面结构____________，以及其他有关规定的项目组成。

2．当图样上标注 max 时，表示参数中________的实测值均不得超过规定值；当图样上未注 max 时，表示参数的实测值中允许____________________的实测值可以超过规定值。

3．表面结构代（符）号可标注在____________、____________或____________上，符号应从__________指向并____________，其参数的注写和读取方向与尺寸数字的注写和读取方向________。

二、判断题（判断正误，并在括号内填“√”或“×”）

1．表面结构参数中表示单向极限值时，只标注参数代号、参数值，默认为参数的上限值。（　　）

2．由于表面结构高度参数不止一种，因而标注时在数值前必须注明相应的符号 Ra、Rz。（　　）

3．表面结构要求可标注在几何公差框格上方。（　　）

三、选择题（在下列选项中选择一个正确答案，将其序号填在括号内）

1．当零件表面是用铸造的方法获得时，标注表面结构要求时应采用（　　）符号表示。

A.　　B.　　C.　　D.

2．关于 R 轮廓参数（表面粗糙度参数）的高度参数，下列说法中错误的是（　　）。

A．Ra 能充分反映零件表面微观几何形状高度方面的特性

B．标准规定优先选用 Ra

C．Ra 的测定比较简便

D．对零件的一个表面只能标注一个高度参数值

3．关于表面粗糙度符号、代号在图样上的标注，下列说法中错误的是（　　）。

A．符号的尖端必须由材料内指向表面

B. 代号中数字的注写方向必须与尺寸数字方向一致

C. 表面粗糙度符号或代号在图样上一般标注在可见轮廓线、尺寸界线、引出线或它们的延长线上

D. 当工件的大部分（包括全部）表面有相同的表面结构要求时，这个表面结构要求可统一标注在图样的标题栏附近

四、简答题

1. 简要说明当工件的大部分（包括全部）表面有相同的表面结构要求时，在图样上应如何标注。

2. 解释表面结构代号中各参数在 a、b、c、d、e 位置的含义。

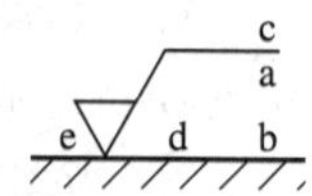

五、综合题

1. 解释下列表面结构代号的含义。

(1) 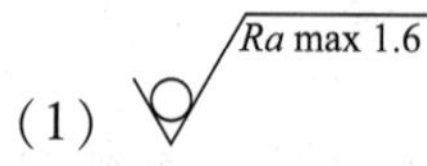

(2) 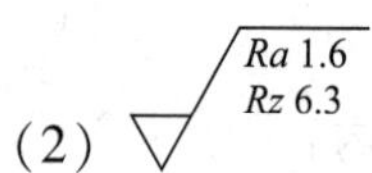

(3) 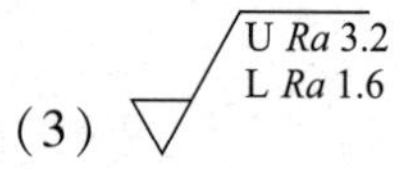

（4）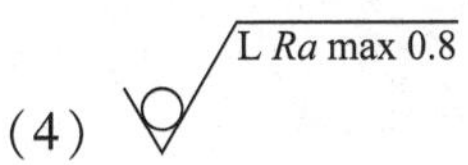

2. 改正图 4—1 中表面结构代号标注的错误（在错误的标注上打“×”），并选择合适的标注位置标注出正确的代号。

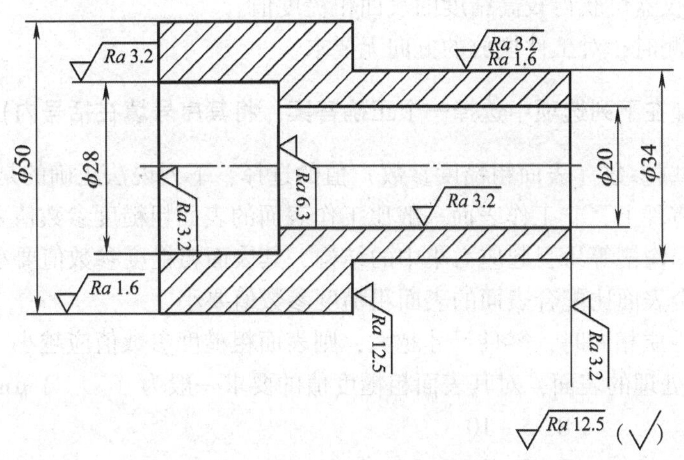

图 4—1

§4—3　表面粗糙度参数的选用及检测

一、填空题（将正确答案填在横线上）

1. *R* 轮廓参数（表面粗糙度参数）值选择的基本原则是在满足表面____________的前提下，尽量选用________的参数值，选择时一般采取________法。

2. 检测表面粗糙度的方法分__________法和仪器检测法两大类，传统的仪器检测方法有__________、__________和________________。

3. 用来检测表面粗糙度的仪器有______________、______________、______________、________________________________等。

4. 凭手抚摸被检工件与样块的感觉来判断表面粗糙度值的方法，称为__________。

二、判断题（判断正误，并在括号内填“√”或“×”）

1. 设计时，若尺寸公差和表面形状公差较小时，其相应的表面粗糙度参数值也应较小。（　　）

2. 比较法通常用于表面粗糙度参数要求不严的表面，这是因为此方法简便易行，但误差大。（　　）

3. 采用比较法检测表面粗糙度的高度参数值时，应使样块与被检测表面的加工纹理方向保持一致。（　　）

4. 借助光学仪器可获得较高精度的表面粗糙度值。（　　）

5. 视觉法检测时，对工件摆放的方向无要求。（　　）

三、选择题（在下列选项中选择一个正确答案，将其序号填在括号内）

1. 关于 R 轮廓参数（表面粗糙度参数）值的选择，下列说法正确的是（　　）。

A. 同一零件上，非工作表面一般比工作表面的表面粗糙度参数值要小

B. 圆角、沟槽等易引起应力集中的结构，其表面粗糙度参数值要小

C. 非配合表面比配合表面的表面粗糙度参数值要小

D. 配合性质相同时，零件尺寸越大，则表面粗糙度参数值应越小

2. 需要发蓝处理的表面，对其表面粗糙度值的要求一般为（　　）μm。

A. 2.5 ~5　　B. 5 ~10

C. 1.25 ~2.5　　D. 0.63 ~1.25

四、简答题

简述用视觉法判断表面粗糙度值的工作原理。

第5章　螺纹公差及检测

§5—1　螺纹的类型及主要参数

一、填空题（将正确答案填在横线上）

1．普通螺纹的大径是指与外螺纹________或内螺纹________相切的___________的直径。对外螺纹而言，大径为________，用“____”表示；对内螺纹而言，大径为________，用“____”表示。国家标准规定，对于普通螺纹，大径即为其___________。

2．对单线螺纹，导程等于___________；对多线螺纹，导程等于螺距与螺纹线数 n 的乘积，即 $P_h=$ ___________。

3．原始三角形高度________牙型高度，螺纹接触高度________牙型高度（填“大于”或“小于”）。

二、判断题（判断正误，并在括号内填“√”或“×”）

1．普通螺纹一般以螺纹的顶径作为其公称直径。（　　）

2．对于内螺纹，其螺纹顶径小于螺纹底径；对于外螺纹，其螺纹顶径大于螺纹底径。（　　）

3．螺纹升角是指在中径圆柱或中径圆锥上，螺旋线的切线与垂直于螺纹轴线平面的夹角。（　　）

4．对于螺纹上的某一牙来讲，其牙侧角的数值应等于牙型半角的数值。（　　）

5．螺纹的接触高度是指在两个同轴配合螺纹的牙型上，外螺纹牙顶至内螺纹牙顶间的径向距离，即内、外螺纹的牙型重叠径向高度。（　　）

三、选择题（在下列选项中选择一个正确答案，将其序号填在括号内）

1．普通螺纹的主要用途是（　　）。

A．连接和紧固零部件　　B．用于机床设备中传递运动

C．用于管件的连接和密封　　D．在起重装置中传递力

2．普通外螺纹的基本偏差是（　　）。

A．ES　　B．EI

C．es　　D．ei

3．关于牙型角、牙型半角和牙侧角之间的关系，下列说法中错误的是（　　）。

A．牙型半角一定等于牙型角的1/2

B．牙侧角一定等于牙型角的1/2

C．牙型角等于左、右牙侧角之和

D．当牙型角的角平分线垂直于螺纹轴线时，牙侧角等于牙型半角

四、名词解释

1．螺纹

2．螺纹中径

3．螺纹旋合长度

五、简答题

1．按不同的分类形式，螺纹有哪些类型？

2．什么是螺距？什么是导程？二者之间存在什么关系？

§5—2　普通螺纹的公差与配合

一、填空题（将正确答案填在横线上）

1. 螺纹_________与___________组成螺纹精度等级，分为________、________和________三级。

2. 螺纹公差带是________公差带，以基本牙型的轮廓为________。公差带由其相对于基本牙型的________因素和________因素组成。

3. 国家标准规定内螺纹的公差带在基本牙型零线以____，以_______________为基本偏差，代号为____的基本偏差为零，代号为____的基本偏差为正值；外螺纹的公差带在基本牙型零线以____，以_______________为基本偏差，代号为____的基本偏差为零，代号为____、____、____的基本偏差为负值。

4. 国家标准对外螺纹的________和内螺纹的________不规定具体的公差值，只规定内、外螺纹____________上的任意点均不得超越按基本偏差所确定的____________。

5. 国家标准规定将螺纹的旋合长度分为三组，即___________________________、________________和________________。

6. 普通螺纹在图样上的标记包括______________、________________________和________________________。

二、判断题（判断正误，并在括号内填“√”或“×”）

1. 内、外螺纹的基本偏差数值除 H 和 h 外，其余基本偏差数值均与螺距有关，而与公称直径无关。（　　）

2. 螺纹结合的精度不仅与螺纹公差带的大小有关，而且与螺纹的旋合长度有关。（　　）

3. 螺纹公差带代号与孔、轴公差带代号相同，同样由公差等级数字和基本偏差字母组成，它们的标记方法也一样。（　　）

三、综合题

1. 解释下列螺纹标记的含义。

（1）M16 ×2—6f

（2）M20—5h6h—S

（3）M10 × 1—6H/5g6g

（4）M27—6H/6g

2. 查表确定 M20 × 2—7g 6g 的外螺纹中径和外螺纹大径的极限偏差，并计算其极限尺寸。

§5—3　螺纹的检测

一、填空题（将正确答案填在横线上）

1. 螺纹的检测方法可分为________________和________________两大类。

2. 检验外螺纹的量规包括______________和______________，检验内螺纹的量规包括________________和________________。其中，光滑极限卡规和塞规用来检验外螺纹的______尺寸和内螺纹的________尺寸，螺纹工作环规和塞规用来检验外螺纹和内螺纹的________________。

3．单项测量法是指用______或______测量螺纹各参数的____________

4．三针法测量时，应先选用适当的量针直径，最佳直径的量针与螺纹牙侧的__________恰好位于中径上。

二、判断题（判断正误，并在括号内填“√”或“×”）

1．螺纹的综合检验就是同时测量多个参数的数值，综合判断螺纹是否合格。（　　）

2．光滑极限塞规和光滑极限卡规用来检验内、外螺纹的公称直径。（　　）

3．用三针法可测量内、外螺纹的中径尺寸。（　　）

4．三针法测量中径属于间接测量法。（　　）

5．止端螺纹量规绝不允许与被检工件旋合。（　　）

6．当量针长期不用时，应将其浸泡在机油或柴油中。（　　）

7．综合检验法可准确得出螺纹的各项参数值。（　　）

三、选择题（在下列选项中选择一个正确答案，将其序号填在括号内）

1．螺纹的综合检验法是指检验（　　）。

A．螺纹中径数值　　B．螺纹大径数值

C．螺纹的多个参数值　　D．螺纹牙型角数值

2．三针法测量时应根据（　　）的大小选用适当的量针直径。

A．大径　　B．螺距

C．中径　　D．旋合长度

四、简答题

试说明用螺纹千分尺测量螺纹的方法。

五、综合题

图 5—1 所示为齿轮轴的零件图。

（1）要检测图中的外螺纹 M16×2—6g，可采用哪些方法？各使用什么量具？若采用三针法测量，试确定量针的直径。

（2）图中各表面粗糙度参数值分别用哪些加工方法来保证？

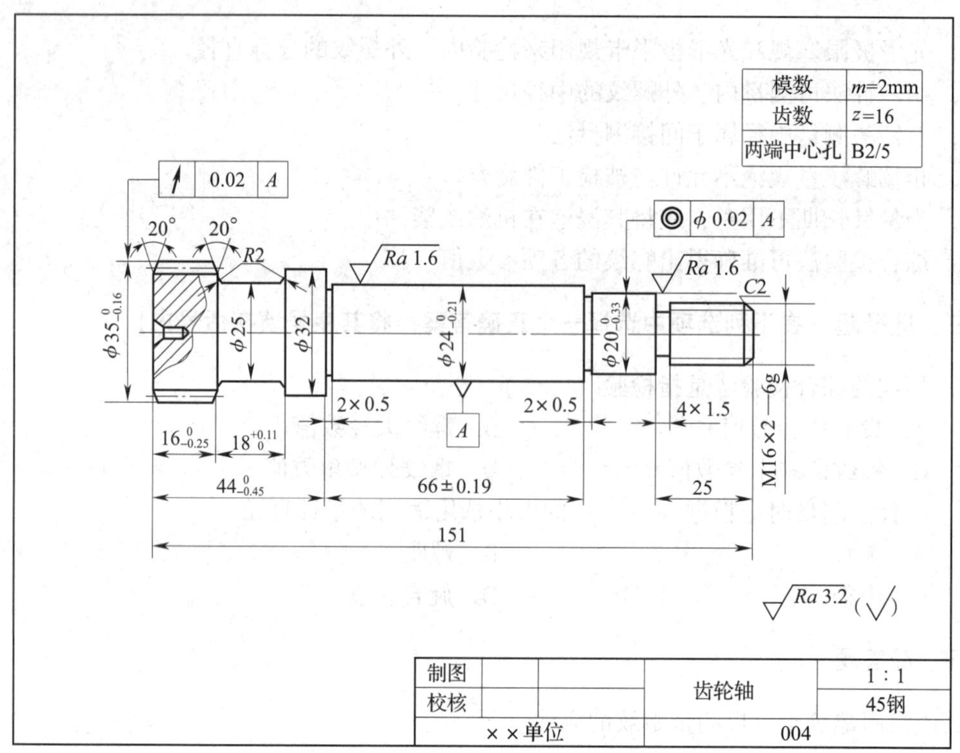

图 5—1